· 城市轨道交通系列科普读物 ·

地铁消

常 识

江苏省土木建筑学会城市轨道交通建设专业委员会
南京地铁集团有限公司   组织编写

中国建筑工业出版社

图书在版编目（CIP）数据

地铁消防安全常识／江苏省土木建筑学会城市轨道
交通建设专业委员会，南京地铁集团有限公司组织编写
. —北京：中国建筑工业出版社，2021.9（2024.3 重印）
（城市轨道交通系列科普读物）
ISBN 978-7-112-26594-7

Ⅰ.①地… Ⅱ.①江… ②南… Ⅲ.①地下铁道—城
市消防—安全管理—普及读物 Ⅳ.①TU998.1-49

中国版本图书馆 CIP 数据核字（2021）第 188877 号

　　本书为科普读物，为加强地铁消防安全常识的宣传和普及而编写。全书共有六部分，第一部分为概述，主要介绍地铁火灾的特性和原因；第二部分为地铁消防设施，主要介绍常见的地铁消防设施；第三部分为地铁火灾的预防措施；第四部分为地铁内发生火灾怎么办，主要指导乘客如何报警和疏散逃生等；第五部分为地铁消防相关法律法规；第六部分为地铁火灾典型案例及分析，主要列举实例以警醒各方人员提高对于地铁消防安全的重视。本书适用于广大公众学习参考，希望能增强消防安全意识，真正做到"预防为主，防消结合"。

责任编辑：万　　李
责任校对：赵　菲

城市轨道交通系列科普读物
地铁消防安全常识
江苏省土木建筑学会城市轨道交通建设专业委员会
组织编写
南京地铁集团有限公司

＊

中国建筑工业出版社出版、发行（北京海淀三里河路 9 号）
各地新华书店、建筑书店经销
逸品书装设计制版
北京中科印刷有限公司印刷

＊

开本：850 毫米×1168 毫米　1/32　印张：3¾　字数：71 千字
2021 年 9 月第一版　　2024 年 3 月第二次印刷
定价：**49.00** 元
ISBN 978-7-112-26594-7
（37960）

本书编写单位

组织编写：

　　江苏省土木建筑学会城市轨道交通建设专业委员会

　　南京地铁集团有限公司

主编单位：

　　江苏省土木建筑学会城市轨道交通建设专业委员会

　　南京地铁集团有限公司

　　南京消防器材股份有限公司

参编单位：

　　重庆赛迪工程咨询有限公司

　　中铁第四勘察设计院集团有限公司

　　江苏乾景生态环境规划设计研究院有限公司

　　常州市轨道交通发展有限公司

　　南京市消防救援支队轨道交通大队

本书编写委员会

本书审定委员会

序

近年来，我国城市轨道交通经历大规模、跨越式发展阶段后，城市轨道交通格局基本形成，逐步迈向引领城市发展的新阶段。城市轨道交通改变了城市的生活格局、完善了城市功能布局、促进了城市经济的发展、更改变了市民的出行方式。同时，城市轨道交通还蕴含着国家和城市时代特色的重要元素，是民族和城市文化的重要载体。因此，城市轨道交通的发展与市民生活和工作密切相关，系统了解安全城轨、智慧城轨等相关知识将是广大市民的迫切需求。

科普读物是我国科学技术普及的重要组成部分。它将专业性较强的内容以通俗易懂、深入浅出的方式呈现给读者，不仅能提高阅读兴趣，还能宣传普及科学知识，推广科学技术的应用，倡导科学方法，传播科学思想，弘扬科学精神，提高全民族的科学素养。

江苏省土木建筑学会城市轨道交通建设专业委员会通过精心策划、广泛调研，选取城市轨道交通工程中广大市民重点关注的热点问题，分别组织南京、苏州、无锡、常州、徐州、南通等江苏省城市轨道交通（地铁）参建各方，共同编写了《城市轨道交通系列科普读物》。本系列科普读物还邀请了国内行业专家学者参与编写和审查，较好地保证了严谨性和专业性。

希望本系列科普读物的出版，能进一步增强广大市民对城市轨道交通建设和运营工作的理解和支持，进一步提升市民参与城市轨道交通建设、运营、保护的积极性及安全意识，为我国城市轨道交通科学技术普及工作贡献出一份力量。

中国工程院院士
江苏省科学技术协会副主席

地铁给人们的生活带来了极大的便利，但封闭的地下空间、复杂的建筑结构、大量的电气设备、密集的人流往来，使其成为城市安全管控的重点场所之一。特别是近年来，部分地铁场站已经发展成为集交通、商业、办公、居住等功能于一体的大型城市综合交通枢纽，火灾荷载高、扑救难度大，一旦发生火灾事故，如果处理不当，极易造成较为严重的后果。据统计，自1969年以来，国内外地铁先后发生四十多起重大火灾，给广大人民群众的生命和财产带来重大损失，产生了恶劣的社会影响。

因此，地铁消防安全工作不容忽视，为了"防患于未然""提升基层应急能力，筑牢防灾减灾救灾的人民防线"，加强地铁消防常识的宣传和普及迫在眉睫，为此我们编写了这本图文并茂、浅显易懂的地铁消防安全科普读物。

本书第一部分介绍了地铁和地铁火灾的特性及原因；第二部分介绍了常见的地铁消防设施；第三

部分重点阐述了地铁火灾的预防措施；第四部分重点介绍了地铁内发生火灾时乘客应该怎么办；第五部分摘选了与地铁消防相关的部分法律法规；第六部分列举了地铁火灾典型案例并进行了分析。希望对广大人民群众了解消防安全知识，提高消防安全意识有所帮助，真正做到"预防为主，防消结合"。

　　由于编者水平有限，书中难免存在不足之处，希望读者批评指正。

目录

概　述

地铁线路通常设于地下结构内，也可延伸至地面或高架桥上，一般适用于人口密集的大城市。地铁是城市快速轨道交通的先驱，其优点是运载量大、速度快；缺点是建设工期长、造价高且运营维护费昂贵。截至2020年年底，我国内地共有44座城市开通运营城市轨道交通，运营总里程7545.5km。

地铁是一种快速载运高度密集人群的交通工具，其管理难度大、复杂性高，影响地铁运营安全的因素有很多，最常见的、危害性最大的是突发性火灾事故。因此，研究地铁火灾的成因，预防和处置火灾，对于减少火灾损失，具有十分重要的意义。

（一）

关于地铁

· **地铁的诞生**

19世纪中叶，英国伦敦街头交通堵塞严重。一位名叫查尔斯·皮尔逊的律师想到火车跑得很快，怎样让火车跑进城市呢？

一次，查尔斯·皮尔逊看到墙角的老鼠洞里，一只老鼠在跑来跑去，他提出一个妙想：让火车在地下跑起来！1863年，这个"异想天开"得以实现——世界上第一条地铁在伦敦诞生了！随后，世界各大城市纷纷建造地铁。这种速度快、不堵车、环保又舒适的交通工具，深受大家喜爱，如图1-1所示。

图1-1 伦敦地铁

- **地铁的概念**

地铁是地下铁道的简称，根据城市的特殊需要，大部分采用地下，也可以采用地面或高架形式，地铁车站站台如图1-2所示。它因为轴重相对较重，属于重轨交通系列，采用钢轨钢轮系统，单方向高峰输送能力每小时在3万人次以上。地铁的站间距较密，采用电力驱动，线路全封闭，信号自动化控制，具有运量大、速度快、安全、准时、舒适、污染少、节约城市土地资源等优点，但是存在火灾时人员疏散困难等问题。

国内地铁的轨道与常规铁路类似，都是采取1435mm轨距，道床为采用混凝土浇筑的道床或者碎石道床。地铁

图1-2 地铁车站站台

车站作为整个地下交通系统必不可少的组成部分，按照结构形式可分为地下、地面和高架车站。车站内的旅客乘降站台分为侧式站台和岛式站台。

　　地铁车辆采用电力牵引，驾驶室在列车两端，车辆编组一般为4～8辆，大部分车辆宽度为2.8～3.0m。

地铁火灾的特性

地铁建筑结构复杂，疏散路线长，人员高度集中，因此一旦发生火灾，扑救任务将非常艰巨，往往会造成重大的人员伤亡和财产损失。地铁火灾一般有以下几个方面的特性：

· **灭火救援难度大**

由于地铁特殊的建筑结构，发生火灾后比起地面建筑的扑救要困难得多。地面建筑发生火灾时，消防人员可以直接在建筑外部判断火场位置和火势大小，动用大型消防设备多点组织灭火，而地铁发生火灾时无法直观作出准确判断，大型消防设备进入地铁车站内部困难，为灭火增加了障碍。

· **人员疏散难度大**

地铁发生火灾时，由于各种因素影响，人员疏散难度大，主要体现在以下四个方面：

1. 客流量大

地铁日均客流量巨大，在地铁突发火灾事故情况下，非消防电源被切断，采光依靠消防应急照明和疏散标志指示灯，加上火场中产生的浓烟和大量刺激性气体，组织人员有序疏散非常困难。

2. 逃生距离长

地铁车站的人员疏散能力应能够满足当发生火灾时在6min内将一列进站列车所载的乘客及站台上的候车人员全部撤离到达安全区的要求。

火灾时站台上乘客的逃生路线是：先从站台走扶梯到站厅，再通过闸机，然后走到出入口，最后走到地面，逃生距离相对较长。

3. 逃生意识差

地铁发生火灾时，相对封闭的环境很容易使乘客产生恐慌心理。在这种情况下，大多数乘客的选择是从众，大量人群争先恐后跑向出口，一旦发生踩踏事件，极易导致群死群伤，只有那些逃生意识强、熟悉路线、懂得消防常识的乘客，采取相对准确的自救、逃生措施，安全逃生的几率会比较大。

4. 排烟排热差

火灾时产生的发烟量与可燃物的物理化学特性、燃烧状态、供气充足程度有关。地下隧道发生火灾时，由于新鲜空气供给不足，气体交换不充分，产生不完全燃烧反

概述 一

007

应，导致一氧化碳等有毒有烟气体的大量产生，不仅降低了隧道内的可见度，同时加大了疏散人群窒息的可能性，给现场遇险和救灾人员带来生命威胁。

• 通信联络困难

良好的消防通信是灭火救援行动取得成效的重要保证，由于地铁是一个密闭的空间，存在屏蔽效应，发生火灾时有可能造成通信不畅，导致进入地下的救援人员与地面失去联系。

韩国大邱地铁纵火事件中，救援行动展开22min后，地面与地下救援人员就失去联系，整个救援行动随即转向被动，当局估计，可能就是供消防联络的通信电缆已烧断。

（三）

地铁火灾主要原因

　　随着社会的发展、城市的扩张，地铁已成为居民出行的主要交通工具之一。公众在享受便利的同时，更应该关注地铁消防安全。那么地铁发生火灾的主要原因是什么呢？

　　（1）外来火源。携带汽油、火药等易燃易爆危险品乘坐地铁；在地铁站内、列车上吸烟、动火，如图1-3所示。

图1-3　外来火源

（2）违规违章操作。如维修施工过程中进行焊接、切割或机械碰撞、摩擦引起的火花，配套商业工作人员用火用电不慎，都有可能引发火灾，如图1-4所示。

图1-4　违规操作

（3）电气设施使用、管理不当引起的事故。例如，电气设施因绝缘破损、老化而引起火灾，如图1-5所示。

图1-5　地铁火灾

二

地铁消防设施

地铁车站建筑结构复杂、隧道线路长、车辆载客能力强，消防设施尤为重要。

下面分别介绍地铁车站、地铁隧道、地铁车辆上的消防设施和地铁消防联动控制系统。

地铁车站消防设施

 防火分区

1.什么是防火分区？

防火分区是指建筑内用防火墙、楼板、防火门或防火卷帘门分隔的区域，可以将火灾限制在一定的局部区域内（在一定时间内），阻止火势蔓延，也对烟气起隔断作用。

2.地铁车站有防火分区吗？

一般的地铁车站，其站台公共区和站厅公共区为一个防火分区，如图2-1所示。

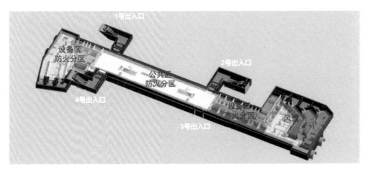

图2-1 标准车站防火分区示意图

换乘车站站厅公共区一般划分为两个不同的防火分区，两个防火分区之间通过防火卷帘门进行防火分隔，如图2-2所示。

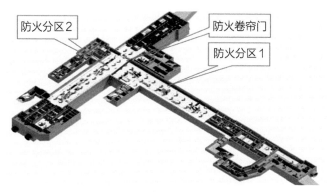

图2-2　换乘车站防火分区示意图

带商业开发的地铁车站，地铁与商业划分为不同的防火分区，连接处通过设置两道防火卷帘门进行防火分隔，如图2-3所示。

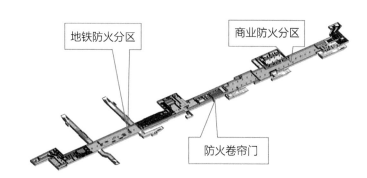

图2-3　带商业开发的车站防火分区示意图

3.地铁车站的防火分区靠什么分隔？

在车站站厅与商业等非地铁功能场所连通的部位，设置有耐火极限不低于3.00h的防火卷帘门，楼梯或扶梯周围的其他临界面设置有防火墙，如图2-4所示。

图2-4　防火卷帘门

4.地铁防火分区内怎么疏散？

发生火灾时，乘客可以通过站台设置的楼梯、扶梯疏散至站厅，通过站厅出入口疏散至地面。

地铁车站楼梯、扶梯设置的数量和宽度可保障站台至站厅的疏散时间不大于6min，如图2-5所示。

图2-5　标准车站站台至站厅垂直疏散示意图

防烟分区

防烟分区是指在设置排烟措施的过道、房间、站厅站台公共区、出入口通道、商业配套空间通道，用隔墙或其他措施（可以阻拦和限制烟气流动）分隔的区域。

地铁站厅公共区和设备管理区采用挡烟垂壁或建筑结构划分防烟分区，防烟分区不应跨越防火分区。

公共区楼梯、扶梯穿越楼板的开口部位，站台、站厅均设置挡烟垂壁形成单独防烟分区，如图2-6所示。

图2-6 楼梯洞口防烟分区

挡烟垂壁

　　一种用不燃材料制成，垂直安装在建筑顶棚、梁或吊顶下，能在火灾时形成一定的蓄烟空间的挡烟分隔设施，如图2-7所示。

图2-7　挡烟垂壁

消防救援专用通道

消防救援专用通道是专门用于供消防救援人员在火灾时进入，并可以到达地下车站各层和地下区间进行灭火救援的通道，包括楼梯间和水平通道。

这种通道通常单独设置在可进入车站有人值守的设备管理区的防火分区内，如图2-8所示。

图2-8　消防救援专用通道

疏散通道

    疏散通道是疏散时人员从房间内至房间门，从房间门至疏散楼梯，直至室外安全区域的通道，疏散通道包括平面方向的内部疏散通道和疏散走道，也包括人员竖向疏散的安全通道，如图2-9所示。

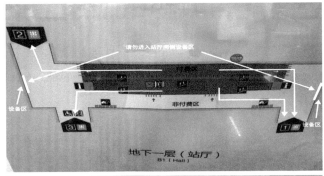

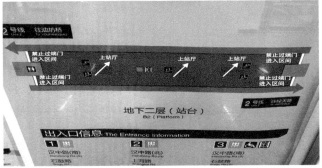

图2-9　疏散通道

疏散楼梯

　　疏散楼梯是指在火灾发生时可作为竖向通道的室内楼梯和室外楼梯。当发生火灾时，普通电梯一般会停止运行，此时，楼梯便成为最主要的垂直疏散设施，它是站内人员的逃生路线，如图2-10所示。

图2-10　疏散楼梯

安全出口

安全出口是指符合规范规定的疏散楼梯或直通室外地平面的出口。

地铁每个站厅公共区至少设置有2个直通室外的安全出口，如图2-11所示。

图2-11　安全出口

防火卷帘门

　　防火卷帘门是一种适用于建筑物较大洞口处的防火、隔热设施，能有效地阻止火势蔓延，保障人民群众生命财产安全，是现代建筑中不可或缺的防火设施，如图2-12所示。

图2-12　防火卷帘门

常开防火门

常开防火门在平时保持开启状态，便于人员通行，在火灾情况下能自行关闭，起到隔烟阻火作用，如图2-13所示。

图2-13　常开防火门

常闭防火门

　　常闭防火门平时处于关闭状态，当发生火灾后能有效地阻挡浓烟烈火的侵袭，具有在一定时间内的防火、隔烟、阻挡高温等功能，如图2-14所示。

图2-14　常闭防火门

灭火器

灭火器是一种轻便的灭火工具，它由筒体、器头、喷嘴等部件组成，借助气体驱动可将所充装的灭火剂喷出，达到灭火目的。

灭火器结构简单，操作方便，使用广泛，是扑救各类初起火灾的重要消防器材，如图2-15、图2-16所示。

图2-15　手提式灭火器　　　　图2-16　灭火器箱

地铁车站一般配置磷酸铵盐干粉灭火器，其利用二氧化碳作为驱动气体，将筒内的干粉喷出灭火。灭火器一般放置在灭火器箱内或者消火栓箱下部。

消火栓

消火栓以水为介质，具备灭火、控火和冷却防护等功能，是扑救、控制地铁初期火灾最为有效的灭火设施之一，分为室内消火栓和室外消火栓。

1.室内消火栓

室内消火栓通常安装在消火栓箱内，由车站消火栓管网供水，与消防水带和水枪等器材配套使用，是使用最普遍的消防设施之一，如图2-17、图2-18所示。

图2-17　组合式消火栓箱　　图2-18　组合式消火栓箱内部

2.室外消火栓

室外消火栓通常设置在车站外，主要供消防车取水，经增压后向车站内的供水管网供水，也可以直接连接水带、水枪实施灭火。

室外消火栓分为地上式消火栓和地下式消火栓两种。地上式消火栓适用于温度较高的地方，地下式消火栓适用于寒冷地区，如图2-19、图2-20所示。

图2-19　地上式消火栓

图2-20　地下式消火栓

自动喷水灭火系统

　　自动喷水灭火系统是扑救、控制地铁初期火灾的最为有效、应用最为广泛的自动灭火设施之一。

　　火灾发生的初期，环境温度不断上升，当温度上升到喷头感温元件破裂或熔化脱落时，喷头即自动喷水灭火，如图2-21所示。

图2-21　自动喷水灭火系统喷头

气体灭火系统

气体灭火系统是指在密闭空间内通过管网喷射气体灭火剂，实现扑灭该防护区火灾的系统。一般应用于保护变电所、通信信号等设备用房。气体灭火系统由火灾探测器、气灭控制盘、储气钢瓶及管网、喷嘴等组成，如图2-22所示。

图2-22 气体灭火系统

火灾自动报警控制器

火灾自动报警控制器能显示火灾报警的具体部位及时间，同时执行相应的联动控制等诸多任务，使值班人员能够及时发现火情并采取有效措施，如图2-23所示。

图2-23　火灾自动报警控制器

 火灾报警探测器

火灾报警探测器是指探测失火处所的烟雾浓度等信息并发送给火灾自动报警控制器的设备，如图2-24所示。

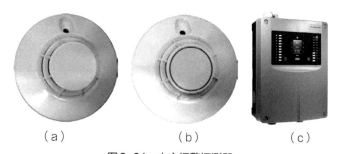

（a）　　　　　　　（b）　　　　　　　（c）

图2-24　火灾报警探测器
（a）感烟探测器；（b）感温探测器；（c）吸气式探测器

手动火灾报警按钮

手动火灾报警按钮是火灾报警系统中的一个设备类型，当人员发现火灾时，可以按下手动火灾报警按钮，报告火灾信号，如图2-25所示。

图2-25　手动火灾报警按钮

 火灾声光报警器

火灾声光报警器用于发生事故现场的声音报警和闪光报警，尤其适用于报警时能见度低或事故现场有烟雾产生的场所。它以声、光和音响等方式向报警区域发出火灾警报信号，以警示人们迅速进行安全疏散，采取灭火救灾措施，如图2-26所示。

图2-26　火灾声光报警器

消火栓按钮

消火栓按钮是手动启动消火栓系统的控制按钮，如图2-27所示。

图2-27 消火栓按钮

 消防电话

消防电话是火灾情况下使用的专用电话，用于车控室（消防控制室）与车站中相关部位之间通话，由消防电话总机、消防电话分机、消防电话插孔等构成，如图2-28所示。

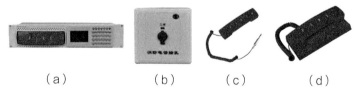

（a） （b） （c） （d）

图2-28 消防电话系统设备
（a）消防电话主机；（b）消防电话插孔；（c）消防插孔电话；（d）消防电话分机

车站广播

车站广播能够向车站乘客进行公众语音广播、通告列车运行及安全、向导、防灾等服务信息。发生灾害时，车站广播还可以兼作消防救灾广播，如图2-29所示。

图2-29　车站广播

 车站乘客信息（PIS）

车站PIS显示屏可以向车站乘客提供各类信息服务，一般设于车站站厅、站台等公共区域。

发生火灾时，车站PIS显示屏能够显示相关信息，如图2-30所示。

图2-30　车站PIS显示屏

视频监视摄像机

　　视频监视摄像机能够实时收集车站内各方位视频信息，一般设于车站站厅、站台等公共区域，如图2-31、图2-32所示。

图2-31　视频监视摄像机

图2-32　视频监视显示界面

消防应急照明灯具

消防应急照明灯具是指为人员疏散和发生火灾时仍需工作的场所提供照明的灯具，如图2-33、图2-34所示。

图2-33 车站公共区的消防应急照明灯具

图2-34 车站设备区的消防应急照明灯具

地
铁
消
防
设
施

消防应急标志灯具

消防应急标志灯具是指用图形、文字指示疏散方向，指示疏散安全出口、楼层、避难层（间）、残疾人通道的灯具，如图2-35、图2-36所示。

图2-35　地铁车站的消防应急标志灯具（出口标志灯）

图2-36　地铁车站的消防应急标志灯具（疏散方向标志灯）

 闸机

进出站闸机用于管理和规范乘客的进出站，一般设在车站站厅。

发生火灾时，进、出站检票机闸门自动打开，乘客无需检票便可快速离开，如图2-37所示。

图2-37　进出站闸机

机械排烟

机械排烟系统是一种在车站发生火灾时自动开启，用于排除烟气，为人员疏散创造条件的通风系统，由排烟风机、排烟管道、排烟防火阀、排烟口、挡烟垂壁等设备组成，如图2-38所示。

图2-38　排烟风机

 正压送风

正压送风系统是一种在车站发生火灾时自动开启，对封闭楼梯间、防烟楼梯间及其前室进行送风，使烟气无法进入，为人员疏散创造条件的通风系统，由正压送风风机、风管、正压送风口等设备组成，如图2-39所示。

图2-39　正压送风口（安装于防烟楼梯间侧墙）

紧急停车按钮

紧急停车按钮一般设在车站站台两侧，如图2-40所示，启动此按钮可以：

（1）阻止接近的地铁列车进站。

（2）使已经进站的列车紧急制动。

（3）阻止地铁列车启动离站。

（4）使已经启动、正在离站的列车紧急制动。

普通乘客请不要随意触碰紧急停车按钮，造成列车事故将受到相关法规惩处。

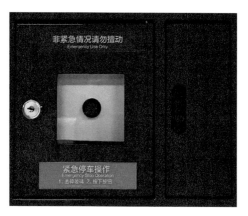

图2-40　紧急停车按钮

(二)

地铁隧道消防设施

 区间联络通道

两条单线载客运营的地下区间之间设有联络通道，相邻两条联络通道之间的水平距离不大于600m。

隧道疏散时，可利用相邻区间之间的联络通道，将乘客分流到另一条非着火区间内疏散到邻近车站，这有利于加快疏散速度，提高火灾中人员的安全性。同时，联络通道的设置也为救援人员通过非着火区间经联络通道到达火灾区间进行灭火救援提供条件，如图2-41所示。

图2-41 区间联络通道示意图

地铁消防设施

一

区间疏散平台

为满足隧道区间消防疏散要求，在行车方向左侧距轨面高度800~900mm的隧道壁处设置纵向连续的疏散平台，区间疏散平台端部设有钢梯，连接至道床面，如图2-42所示。

图2-42　区间疏散平台

隧道通风系统

隧道通风系统是一种用于对隧道通风换气，火灾时进行消防排烟的通风系统，由隧道排烟风机、风阀等设备组成，如图2-43所示。

图2-43　隧道排烟风机

 隧道内的消防应急照明灯具

地铁隧道内设有与车站类似的消防应急照明灯具，为隧道内的人员疏散和火灾救援提供照明。隧道内的消防应急照明灯具具有较好的防水防尘抗震性能，能适应地下隧道恶劣的工作环境，如图2-44所示。

图2-44　隧道内的消防应急照明灯具

地铁消防设施

一

隧道内的消防应急标志灯具

　　地铁隧道内设有与车站类似的消防应急标志灯具，能通过图形、文字指示隧道内的疏散方向，如图2-45所示。

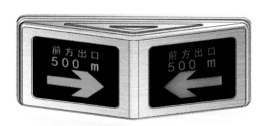

图2-45　隧道内的消防应急标志灯具
（带米标的疏散方向标志灯）

（三）

地铁车辆消防设施

 车载火灾探测器

车载火灾探测器一般设置在车厢顶板内侧，当检测到车厢发生火灾时，火灾探测器会向司机进行报警，如图2-46所示。

图2-46　车载火灾探测器
（一般为隐蔽式）

车载广播

当发生火灾时，司机可以通过车载广播系统向车厢内乘客进行安抚广播，如图2-47所示。

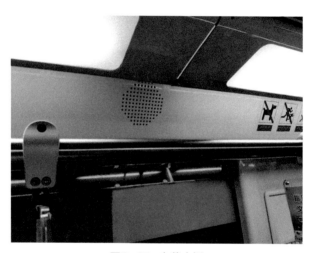

图2-47 车载广播

车载灭火器

地铁车厢内一般设置有两个灭火器，并在灭火器附近张贴有灭火器操作标志，发生火情时，乘客可以进行灭火操作。

通常将两个车载灭火器中的一个安放于座椅下方，如图2-48所示，另一个安放于端部电气柜下方，如图2-49所示；或者均设置在座椅下方。

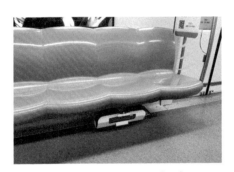

图2-48 车载灭火器（一）

图2-49 车载灭火器（二）

乘客紧急报警装置

　　当乘客发现车厢发生火灾时，可以通过车厢内的乘客紧急报警装置与司机进行沟通。该装置设置于车厢端部或车门边上，如图2-50所示。

图2-50　乘客紧急报警装置

紧急解锁装置

紧急解锁装置，又称列车紧急开门装置，是非正常情况下，比如无法开车门或遇到突发事件时，用于人为开启地铁车门的装置，如图2-51所示。

在车辆系统的保护作用下，列车的紧急解锁装置一旦触发，会给行车安全造成极大的安全隐患，导致列车紧急停车，造成后续列车积压及晚点。

列车正常行驶情况下请勿随意触碰列车按钮，一旦造成事故将受到相关法规惩处。

图2-51　紧急解锁装置

紧急锤

　　紧急锤是一种逃生装备。一旦列车发生火灾、水灾等危险，或车门扭曲打不开时，乘客可使用紧急锤击碎车窗玻璃，辅助逃生，如图2-52所示。

图2-52　紧急锤

车载PIS

车载乘客信息系统（车载PIS）主要包括广播系统、对讲系统、多媒体播放系统、视频监控系统等。

发生紧急情况时，车载PIS可以进行紧急广播和紧急信息显示，指挥乘客疏散、调度工作人员抢险救灾，如图2-53所示。

图2-53　车载PIS

（四）

地铁消防联动控制系统

 消防联动控制系统

消防联动控制系统可以实现火灾自动报警系统、自动喷水灭火系统、消火栓系统、气体灭火系统、防烟排烟系统、防火门和防火卷帘门系统、电梯、火灾声光报警器和消防应急广播系统、消防应急照明系统等，以及门禁、电动挡烟垂壁、售检票闸机、站台门、自动扶梯等设备在火灾情况下的消防联动控制，如图2-54所示。

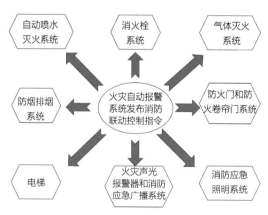

图2-54 消防联动控制系统

• 执行消防联动控制指令的相关设备

（1）消防给水系统：联动消火栓泵、喷淋泵、区间蝶阀等。

（2）气体灭火系统：火灾自动报警系统通过灭火控制盘启动气体灭火系统。

（3）防烟排烟系统：联动专用排烟风机、电动防火阀、电动排烟口等，并向环境监控系统发出模式启动指令。

（4）防火门及防火卷帘门系统：联动控制防火门及防火卷帘门动作。

（5）电梯：发出指令，电梯迫降至首层。

（6）火灾声光报警器和消防应急广播系统：启动火灾声光报警器，强制切入消防应急广播。

（7）消防应急照明系统：强制启动。

（8）其他相关联动：门禁和售检票闸机释放、非消防电源切除、CCTV摄像头火灾现场画面强行弹出。

（9）车控室还设置了消防联动操作后备盘，可以在消防自动联动系统失效后，手动启动相关设施，如图2-55所示。

图2-55 消防联动操作后备盘

三

地铁火灾的
预防措施

我国消防安全工作的方针是"预防为主，防消结合"。

　　下面就乘客、地铁建设、地铁运营分别介绍地铁火灾的预防措施。

乘客自身预防措施

　　乘客应学习掌握一些防火、灭火的基本知识，如引起地铁火灾的常见火源有哪些？火灾发生应如何报火警？常见灭火设施的基本操作方法等，如图3-1所示。

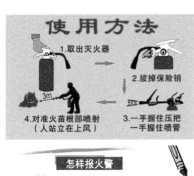

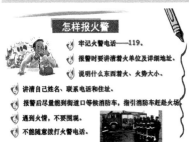

图3-1　基本知识

乘客应严格遵守禁令标志要求，严禁携带易燃易爆危险品乘坐地铁；禁止在车站、列车内吸烟，如图3-2所示。

图3-2　禁令标志

乘客应提高防火安全意识，掌握安全自救、逃生技能，认清各类消防标志，熟记安全通道、安全出口等，如图3-3所示。

图3-3　消防常识

（二）
地铁建设预防措施

在建设过程中严格按照消防相关法律、法规及标准规范进行设计、施工，加强地铁消防安全源头管理，如图3-4所示。

图3-4　规范施工

2

車站室内装饰装修工程格栅吊顶采用钢制型材、地面采用大理石材料、墙面采用不锈钢或者大理石钢挂材料，均为不燃材料，如图3-5所示。

图3-5　不燃材料

3

加强施工现场消防安全管理，按照要求设置临时消防设施，如图3-6所示。

电焊作业要开具动火证、配备看火人和灭火器

一次侧线小于5m

二次侧线小于30m

图3-6　施工现场消防安全管理

4

专职安全员、特殊工种（如电工、电焊工、气割工等）
应在消防安全教育培训合格后方可上岗，如图3-7所示。

图3-7 电焊工

（三）

地铁运营预防措施

 1

　　强化消防宣传，运营单位应根据地铁特点，开展多种形式的消防宣传培训，如消防法律法规、消防安全制度；各岗位的火灾危险性和防火措施；消防设施、灭火器材的操作方法；地铁用火、用电的防火常识；扑救初起火灾及组织、引导被困乘客疏散逃生的方法和技能，如图3-8所示。

图3-8　宣传标语

2

　　建立健全地铁运营防火安全制度和保障消防安全的操作规程，如用火、用电管理；防火巡查、检查；安全疏散设施管理；车控室（消防控制室）值班制度；消防设施、器材维护管理；专职和义务消防队的组织管理；灭火和应急疏散预案演练；燃气和电气设备的检查和维护管理（包括防雷、防静电）等，如图3-9所示。

图3-9　防火安全制度

三　地铁火灾的预防措施

加强重点保护部位消
防安全管理，如：安全疏
散通道、消防应急照明、
事故应急照明和安全出口
情况；室外消防通道、消
防水源情况；易燃易爆危

险品和场所防火、防爆措施的落实情况，以及其他重要物
资的防火管理情况；车控室（消防控制室）值班情况和设
备运行、记录情况等，如图3-10所示。

图3-10　重点保护部位

及时发现、消除火灾隐患，如违章进入生产、储存易燃易爆危险品场所；违章使用明火作业；将安全出口上锁、遮挡，或者占用、堆放物品影响疏散通道畅通；消火栓、灭火器材被遮挡，影响使用或者被挪作他用；常闭式防火门处于开启状态，防火卷帘门下堆放物品影响使用；消防设施管理、值班人员和防火巡查人员脱岗；违章关闭消防设施、切断消防电源等，如图3-11所示。

图3-11　防火卷帘门下堆放物品

5

　　编制灭火和应急疏散预案，定期组织演练，如：明确组织机构，应急疏散的组织程序和措施，扑救初起火灾的程序和措施，安全防护、救护的程序和措施等；每半年组织一次应急演练，确保员工做到平时能防、遇火能救，如图3-12所示。

图3-12　应急疏散预案及演练

四

地铁内发生火灾
怎么办

如今，地铁已成为各大城市的重要交通工具之一，客流量大，人员集中，那么乘坐地铁遇到火灾该怎么办呢？

　　下面分别对乘客四会（会报火警、会使用消防器材、会扑救初期火灾、会疏散逃生）进行介绍。

如何报火警

《中华人民共和国消防法》第四十四条明确规定：任何人发现火灾都应当立即报警。任何单位、个人都应当无偿为报警提供便利，不得阻拦报警。严禁谎报火警。

所以一旦失火，要立即报警，报警越早，损失越小。这里重点阐述乘客如何向地铁工作人员、列车司乘人员报警，以及如何正确地向消防救援部门报警。

 车站内及时报警

在车站内发现火情，乘客可迅速按下就近的手动火灾报警按钮告知地铁工作人员，或者直接报告地铁工作人员以便工作人员及时采取应急措施，如图4-1所示。

图4-1 手动火灾报警按钮

车厢内及时报警

　　如果列车运行时车厢内着火，乘客可迅速按下位于车门旁的乘客紧急报警装置上红色按钮，通知列车司机。操作乘客紧急报警装置时，需长按按钮至呼叫和通话指示灯亮后立即向司乘人员报告，如图4-2所示。

图4-2　车内乘客紧急报警装置

向消防救援部门报警

发生火灾时，应拨打"119"火警电话向消防救援部门报警，但必须讲清以下内容：

（1）起火地址。如发生火灾的地铁线路、站名、着火部位等。

（2）起火物。讲清燃烧的物品，如装修材料、配电柜等。

（3）火势情况。如看见冒烟、看到火光、火势猛烈。

（4）被困人员。如被困人员遇险情况。

（5）报警人姓名及报警电话号码。如图4-3所示。

图4-3　如何报火警

四

地铁内发生火灾怎么办

—

(二)

如何使用消防器材

说到消防器材，大伙都知道是用来灭火的，但消防器材的种类不同使用方法也不相同，消防器材到底怎么用呢？

 如何使用灭火器

通常看到的灭火器有干粉式灭火器、泡沫式灭火器、二氧化碳灭火器等。这里主要介绍地铁常用的磷酸铵盐干粉灭火器的使用方法，如图4-4所示。

使用灭火器有四个主要步骤：

第一步，右手托着手柄，左手托着灭火器底部，轻轻取下灭火器提到现场。

第二步，除掉灭火器的铅封，拔下保险销。

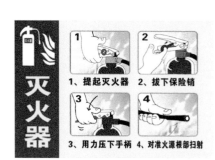

图4-4 灭火器使用方法

第三步，左手握着喷管，右手提着手柄，在距离火焰2m的地方，右手用力压下手柄。

第四步，左手拿着喷管左右摆动，喷射火源根部。

 ## 如何使用消火栓

消火栓使用方法如图4-5所示。

（1）打开消火栓箱门、取出消防水带；

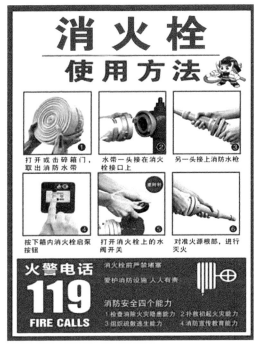

图4-5　消火栓使用方法

（2）水带一头接在消火栓接口上；

（3）另一头接上消防水枪；

（4）按下箱内消火栓启泵按钮；

（5）打开消火栓上的水阀开关；

（6）对准火源根部，进行灭火。

注：若是电器起火则要先切断电源，再迅速使用消火栓灭火，同时注意自身安全，减少不必要的伤害。

（三）

如何扑救初期火灾

从开始起火到最后熄灭的过程中，初期火灾是最容易扑救的。正确运用灭火方法、合理使用灭火器材，才能有效减小火灾危害。这里重点介绍乘客如何扑救初期火灾。

 迅速扑救车站初期火灾

车站内发生火灾时，应立即寻找附近的灭火器进行初期火灾灭火，力求把初期火灾控制在最小范围内，手提式灭火器一般位于灭火器箱内或者消火栓箱内，如图4-6所示。

图4-6 使用灭火器

车站内火灾发生时，工作人员或受过训练的乘客可以使用消火栓灭火，如图4-7所示。

图4-7　使用消火栓

迅速扑救车厢内初期火灾

  车厢内火灾发生时，应及时寻找灭火器进行灭火。灭火器一般位于车厢两端和座位底下，如图4-8所示。

图4-8　车载灭火器

（四）
如何疏散逃生

乘客进入地铁站后，要熟记疏散通道安全出口所在位置，逃生路径要了然于胸，以便危急时刻能尽快逃离现场。楼梯、通道、安全出口等是火灾发生时最重要的逃生之路，平时应保证畅通无阻。

 牢记安全出口

乘客需培养自己的逃生意识，进入地铁站后，应熟记疏散通道和安全出口所在位置，如图4-9所示。

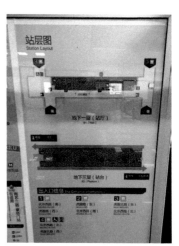

图4-9　安全出口

紧急疏散注意事项

　　火灾发生时，不要贪恋财物，不要停留、逆行和携带任何包裹重物。

　　在逃生过程中乘客要听从地铁工作人员的指挥和引导，沿疏散通道，疏散楼梯、扶梯逃生，迎风撤离；已逃离的人员不得再返回车站，如图4-10所示。

图4-10　疏散注意事项

发生火灾时乘客尽可能做简易防护，可使用湿的毛巾、口罩等捂住口鼻，按照疏散方向俯身迎风撤离，如图4-11所示。

图4-11　疏散防护方法

如果发现身上着了火，千万不可奔跑或用手拍打。当身上衣服着火时，应赶紧设法脱掉衣服，或就地打滚，或用厚重的衣物压灭火苗，或者及时向身上浇水、喷灭火剂灭火，如图4-12所示。

图4-12　身上着火灭火方法

车站紧急疏散

（1）站厅层疏散

　　火灾时站厅进、出站检票机闸门自动打开，乘客在逃生过程中要听从地铁工作人员的指挥和引导，按消防应急标志灯具指示向地面安全区域逃生，已逃离站厅的人员不得再返回站厅。在逃生过程中不能乘坐垂直电梯、不能进入站厅两端的设备区，如图4-13所示。

图4-13　站厅层疏散

（2）站台层疏散

　　火灾时乘客在逃生过程中要听从地铁工作人员的指挥和引导，按消防应急标志灯具指示向站厅层逃生，再由站厅逃生到地面安全区域，已逃离站台的人员不得再返回站台。在逃生过程中不能乘坐垂直电梯、不能通过端门进入站台两端的隧道区间，如图4-14所示。

图4-14　站台层疏散

车厢内紧急疏散

（1）列车进站紧急疏散

列车在隧道区间内发生火灾时，只要列车没有完全丧失动力，司机均会尽量将列车开行至前方车站。列车进站后，会有车载PIS、车载广播以及工作人员等发出指引，工作人员负责打开车门和站台门，乘客应按指引行动，尽快离开车厢，由站台疏散至站厅，再由站厅安全出口逃离车站，如图4-15所示。

图4-15　列车进站紧急疏散

四
地铁内发生火灾怎么办

（2）隧道区间内紧急疏散

若列车丧失动力，滞留在隧道区间内，列车工作人员负责打开列车门，引导乘客沿区间疏散平台，按消防应急标志灯具指示，迎风向邻近安全车站疏散，如图4-16所示。

图4-16　隧道区间内紧急疏散

在紧急疏散时，可利用相邻区间之间的联络通道，将乘客分流到另一条非着火区间内之后，再疏散到邻近安全车站，如图4-17所示。

图4-17　联络通道疏散

五

地铁消防相关
法律法规

《中华人民共和国消防法》的发展历史

　　《中华人民共和国消防法》(以下简称《消防法》)作为我国历史上第一部完整、科学、权威的消防法律，它的诞生适应了处在转折时期的我国经济发展和社会进步的客观需要，同时也标志着我国消防事业在法制化的道路上步入了一个新台阶。

　　《消防法》立法的目的：预防火灾和减少火灾危害，加强应急救援工作，保护人身、财产安全，维护公共安全。

　　(1)1957年11月29日，经第一届全国人民代表大会常务委员会第八十六次会议批准，周恩来总理签发公布了新中国第一个全国性的消防基本法律《消防监督条例》，为我国的消防制度建设奠定了基础。

　　(2)1984年5月11日，经第六届全国人民代表大会常务委员会第五次会议批准，1984年5月13日由国务院公布了《中华人民共和国消防条例》。

　　(3)1998年4月29日，第九届全国人民代表大会常务委员会第二次会议通过了《中华人民共和国消防法》，自1998年9月1日起施行。

（4）2008年10月28日，第十一届全国人民代表大会常务委员会第五次会议修订，自2009年5月1日起施行。

（5）2019年4月23日，第十三届全国人民代表大会常务委员会第十次会议修正。

《中华人民共和国消防法》的处罚规定

在《消防法》第六章法律责任中，国家对违反《消防法》的情况作出了处罚规定，本书摘选了部分涉及个人处罚的内容，供大家了解，望大家警惕。

 相关罚则一

第六十条　单位违反本法规定，有下列行为之一的，责令改正，处五千元以上五万元以下罚款：

（一）消防设施、器材或者消防安全标志的配置、设置不符合国家标准、行业标准，或者未保持完好有效的；

（二）损坏、挪用或者擅自拆除、停用消防设施、器材的；

（三）占用、堵塞、封闭疏散通道、安全出口或者有其他妨碍安全疏散行为的；

（四）埋压、圈占、遮挡消火栓或者占用防火间距的；

（五）占用、堵塞、封闭消防车通道，妨碍消防车通行的；

（六）人员密集场所在门窗上设置影响逃生和灭火救援的障碍物的；

（七）对火灾隐患经消防救援机构通知后不及时采取措施消除的。

个人有前款第二项、第三项、第四项、第五项行为之一的，处警告或者五百元以下罚款。

有本条第一款第三项、第四项、第五项、第六项行为，经责令改正拒不改正的，强制执行，所需费用由违法行为人承担。

第六十二条　有下列行为之一的，依照《中华人民共和国治安管理处罚法》的规定处罚：

（一）违反有关消防技术标准和管理规定生产、储存、运输、销售、使用、销毁易燃易爆危险品的；

（二）非法携带易燃易爆危险品进入公共场所或者乘坐公共交通工具的；

（三）谎报火警的；

（四）阻碍消防车、消防艇执行任务的；

（五）阻碍消防救援机构的工作人员依法执行职务的。

《中华人民共和国治安管理处罚法》规定中对于违法行为的处罚有：

第三章　违反治安管理的行为和处罚

第一节　扰乱公共秩序的行为和处罚

第二十三条　有下列行为之一的，处警告或者二百元以下罚款；情节较重的，处五日以上十日以下拘留，可以并处五百元以下罚款：

（一）扰乱机关、团体、企业、事业单位秩序，致使工作、生产、营业、医疗、教学、科研不能正常进行，尚未造成严重损失的；

（二）扰乱车站、港口、码头、机场、商场、公园、展览馆或者其他公共场所秩序的；

（三）扰乱公共汽车、电车、火车、船舶、航空器或者其他公共交通工具上的秩序的；

（四）非法拦截或者强登、扒乘机动车、船舶、航空器以及其他交通工具，影响交通工具正常行驶的。

聚众实施前款行为的，对首要分子处十日以上十五日以下拘留，可以并处一千元以下罚款。

第二十五条 有下列行为之一的，处五日以上十日以下拘留，可以并处五百元以下罚款；情节较轻的，处五日以下拘留或者五百元以下罚款：

（一）散布谣言，谎报险情、疫情、警情或者以其他方法故意扰乱公共秩序的；

（二）投放虚假的爆炸性、毒害性、放射性、腐蚀性物质或者传染病病原体等危险物质扰乱公共秩序的；

（三）扬言实施放火、爆炸、投放危险物质扰乱公共秩序的。

第二节 妨害公共安全的行为和处罚

第三十条 违反国家规定，制造、买卖、储存、运输、邮寄、携带、使用、提供、处置爆炸性、毒害性、放射性、腐蚀性物质或者传染病病原体等危险物质的，处十日以上十五日以下拘留；情节较轻的，处五日以上十日以下拘留。

第三十一条 爆炸性、毒害性、放射性、腐蚀性物质或者传染病病原体等危险物质被盗、被抢或者丢失，未按规定报告的，处五日以下拘留；故意隐瞒不报的，处五日以上十日以下拘留。

第三十五条 有下列行为之一的，处五日以上十日以下拘留，可以并处五百元以下罚款；情节较轻的，处五日以下拘留或者五百元以下罚款：

（一）盗窃、损毁或者擅自移动铁路设施、设备、机车车辆配件或者安全标志的；

（二）在铁路线路上放置障碍物，或者故意向列车投掷物品的；

（三）在铁路线路、桥梁、涵洞处挖掘坑穴、采石取沙的；

（四）在铁路线路上私设道口或者平交过道的。

第三十六条 擅自进入铁路防护网或者火车来临时在铁路线路上行走坐卧、抢越铁路，影响行车安全的，处警告或者二百元以下罚款。

第四节　妨害社会管理的行为和处罚

第五十条 有下列行为之一的，处警告或者二百元以下罚款；情节严重的，处五日以上十日以下拘留，可以并处五百元以下罚款：

（一）拒不执行人民政府在紧急状态情况下依法发布的决定、命令的；

（二）阻碍国家机关工作人员依法执行职务的；

（三）阻碍执行紧急任务的消防车、救护车、工程抢险车、警车等车辆通行的；

（四）强行冲闯公安机关设置的警戒带、警戒区的。

阻碍人民警察依法执行职务的，从重处罚。

消防方面的其他法规规章

在《消防法》基本法的基础上，相继制定《机关、团体、企业、事业单位消防安全管理规定》（公安部令第61号）（2002年），《消防监督检查规定》（公安部令第73号）[①]（2004年），《国务院关于进一步加强消防工作的意见》（国发〔2006〕15号）等法规规章，进一步补充和完善了《消防法》的具体内容。目前公安部或公安部会同其他部委制定并现行有效的行政规章有12部，共发布消防标准规范332项，其中国家标准191项（包含工程建设标准33项）、公共安全行业标准141项；随着社会的进步，消防类的规章制度还在继续完善中。

---

① 本规定已于2009年修订，以公安部令第107号文发布，自2009年5月1日起施行。

六

地铁火灾
典型案例及分析

从1863年世界上第一条地铁线路建成投入运营以来，世界地铁的发展已经有了一百多年的历史。地铁由于运量大、速度快、能耗低、污染少、舒适方便等优点，在城市化进程中得到了越来越多的应用。

　　伴随着地铁线路的大量建设和应用，其消防安全方面的隐患也层出不穷。为了最大限度地降低地铁火灾风险，国内地铁在疏散条件、装修材料、设备选型等方面已进行了严格要求。但消防安全中人的因素始终是不可忽略的一环。

　　因此，本书摘选几起典型的地铁火灾事故进行分析，旨在提高大家在地铁消防安全方面的认识，起到警示的作用。

英国伦敦地铁国王十字车站火灾事故

1987年11月18日19时25分左右，英国伦敦地铁国王十字车站一乘客点烟后把火柴梗扔在一自动扶梯上，火柴梗通过扶梯踏板与踢脚板的间隙落到积满油脂和可燃屑粒的自动固体运行钢轨上引发火灾，如图6-1所示。19时29分，一名乘客发现踏板下的小火，向售票员报警。1min后，另1名乘客启动了报警器，当时现场有2名警官，1名去通知消防队，另1名疏散乘客。19点43分，伦敦消防总队的头车到达现场。19时43分至45分之间，自动扶梯下发生轰燃，由于"沟槽效应"，火焰、黑烟喷入售票厅，造成包括消防指挥员在内的31人丧生。

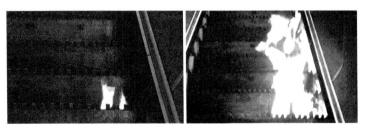

图6-1　伦敦地铁国王十字车站火灾

原因分析：

（1）消防安全管理制度必须严格执行。伦敦地铁里有禁止吸烟的规章制度，但没有严格执行，结果由于一名吸烟乘客扔下的火柴梗引发了火灾，这本来是可以避免的。

（2）设施老旧未及时维护保养。起火的自动扶梯是1939年安装的，扶梯的踏板用有金属背面的胶合板制作，竖板用橡木制作，扶手用橡胶制作，扶梯踏板与踢脚板之间的防火材料有30%不见了，踏板下面的运行轨道积满了油脂和可燃屑粒，从该自动扶梯使用以来从未彻底清洗过。

（3）消防通道状况差。在发生火灾时，地铁售票厅中竖起一道隔开车站北部的临时木栅墙，这道墙堵住了通往第4部楼梯的入口，遮挡了室内消火栓箱。

（4）员工缺乏必要的消防演练。车站起火时，当班多名员工中，只有4名受过消防培训，发现火情的员工没有受过消防培训，不知道当时应该开启水喷雾装置，而跑去远处取二氧化碳灭火器。等他赶回来时，火势过大，早已不是灭火器能扑灭的了。

（5）缺乏高效的应急管理体制。发生火灾时，调度室里没人；售票厅里的乘客没有及时疏散；十几分钟后，还有列车在该站停车下客。没有完善的安全管理系统，是伦敦地铁公司应急管理上的缺陷。无论在地铁公司内部还是车站，安全工作分别属于各部门管理，缺乏完整的顶层设计，发生火灾时各行其是，现场混乱是自然的了。

阿塞拜疆首府巴库的地铁火灾事故

1995年10月28日下午6点左右，阿塞拜疆一辆载有约1500名乘客的地铁抵达阿尔达斯站。大约在到达阿尔达斯站前，第四节车厢尾部某处的电气设备发生故障，当列车进入隧道后，烟雾通过座位下的排风扇弥漫至车厢中，烟雾变黑且使人感到窒息。司机在发现故障后把车停在了距离阿尔达斯站200m的地方进行报告，乘客们开始撤离。在撤离过程中，车门由于故障未能自动打开，而车厢内也缺少标记和信息提示。车厢中的乘客扒住了车门，并没有发现紧急出口和实现人工开门。之后，列车底部的浓烟充满了第四节车厢，第四、五节车厢里的乘客开始慌乱挤向其他节车厢。撤离秩序被打乱，发生大面积踩踏。本次火灾事故造成289人死亡，265人严重受伤，如图6-2所示。

图6-2　阿塞拜疆首府巴库的地铁火灾事故

原因分析：

直接原因：第四节车厢尾部某处的电气设备发生故障，如图6-3所示。

间接原因：司机缺乏经验，紧急刹车把列车停在了隧道里；车辆使用的大部分材料是易燃物，燃烧时产生大量烟雾和有毒气体。

图6-3　车厢故障部位

韩国大邱市地铁火灾事故

2003年2月18日上午9时55分左右，韩国东部著名的纺织服装城市大邱市，已经过了上班的高峰时间，第1079号地铁列车上乘坐的大部分是老人和孩子。列车刚在市中心的中央路车站停住，第三节车厢里一名56岁的男子就从黑色的手提包里取出一个装满易燃物的绿色塑料罐，并拿出打火机试图点燃。车内的几名乘客立即上前阻止，但这名男子却摆脱阻拦，把塑料罐内的易燃物洒到座椅上，点着火并跑出了车站。车内起火后，车站的电力系统立刻自动断电，站内一片漆黑，列车门因断电无法自动打开，车内也没有设置自动灭火装置。正当大火燃烧起来的时候，站台对面一趟刚好驶进站的列车也因停电而无法动弹。火势迅速蔓延，两列车的12节车厢全被烈火浓烟包围。人们乱作一团，有的拼命撬门，有的四处寻找逃生的出口。慌乱中，许多乘客因浓烟窒息而死。浓烟不仅从地铁出口向地面上的街道扩散，而且顺着通风管道蔓延至地下商场。当地警方、消防部门在2min内接到了火警警报，迅速调集1500多名人员和数十辆消防车前往救援，军队也加入救援队伍。一时间，大邱市中心区警笛声响成一片，警察封锁了通往现场的所有路口。许多市民闻讯后赶到现场，寻找自己的亲属。事故现场周围哭声不断，交通陷入瘫痪。该事故最终导致198人死亡，147人受伤，如图6-4所示。

图6-4 韩国大邱市地铁火灾事故

原因分析：

该案虽然是人为纵火造成，但在地铁安全管理上出现的漏洞还是值得反思。韩国警方对纵火事件的调查结果认为，地铁工作人员未能采取适当措施处理紧急情况，是造成大量人员伤亡的主要原因之一。负责调查事件的专家指出，由于起火后地铁站内的供电系统自动切断，应急照明未能启动，许多乘客因此被困在漆黑一团的站内，安全系统失灵促成了这场惨剧的发生。除此之外，专家还表示，这起灾难暴露出的重大问题在于地铁列车内使用的装饰材料和座椅并不防火，玻璃纤维和硬化塑料在遇到火焰和高温后会起褶，然后冒出滚滚有毒烟雾，这些烟雾在火灾之后几分钟内就使乘客看不清周围环境而且被纷纷熏倒。

另外，从对面驶入站的1085号列车由于没有得到调度室的任何指令，直接进入了已经起火的中央路车站站台。结果使得这趟列车到站后即被1079号列车的火焰点燃，两列列车全部被烧毁。更糟的是，1085号列车的司机不知该如何处置这种情况，导致车上的乘客被困了10多分钟。司机后来手动打开了一些车厢的车门，但此操作又使乘客暴露在有毒气体中。据救援人员描述，死亡的乘客多数属于第二列列车。

　　此外，站台上没有安装灭火装置，据说是担心引起地铁站内电线短路，而且站内也没有应急照明、疏散指示标志等引导乘客疏散。

韩国釜山列车起火事故

2012年8月27日下午2时4分许，在韩国釜山市地铁1号线大峙站，正在行驶的一列地铁车顶突然着火，100多位乘客被紧急疏散。乘坐这列地铁的乘客金某说："进入大峙站开始，从窗户就能看见屋顶上的火花，同时听到'哐当'一声巨响。列车停下来后，看到火花向我们方向接近，大家便纷纷跑出车外，现场乱成一团"。这列地铁上大约有32名乘客吸入了浓烟被送往医院进行治疗。这场火在车顶上足足烧了20多分钟，列车被烧出了一个30cm大小的洞，如图6-5所示。

图6-5　韩国釜山列车起火事故

原因分析：

釜山警方推测是1号线电力供应线路或电车等老旧引发电力系统异常并导致起火。釜山地铁1号线1985年通车，起火列车为1997年投入使用。另外，釜山地铁2011年8月和10月也曾发生过因电力系统异常引起的火灾。

北京地铁万寿路至五棵松之间的火灾事故

　　1969年11月11日上午，63-32号列车下洞运行，途中发觉32号列车有电器发生故障，即从立新站折返，空车准备返回车辆段，通过万寿路站约60m处，车下一声巨响，即见车下弧光和黑烟四起，约5min后，五棵松变电站拉闸，约11min后，立新变电站也拉闸，随后车辆段抢救人员乘轨道车奔赴现场。行至五棵松站，站内浓烟弥漫，继续向失火地点行驶约20m，车上发动机熄灭，因缺氧再也无法启动，抢救人员下车步行前进。此时，洞内黑烟滚滚，伸手不见五指，轨道车前灯10m处不见光亮。解放军防化部队、救火车无法发挥作用，情况十分紧急。直至下午，京西矿务局的消防人员赶到现场，采取向洞内送风的办法，风从万寿路站送入，烟从五棵松站排出，足足燃烧6个小时，大火才熄灭。事故造成6人死亡，200多人中毒，死者中有一名时年22岁的消防队员。

原因分析：

　　该起火灾由电动机车短路引起。由于火场照明设备不足，防烟滤毒设备缺乏，大大影响了救援活动。

　　研究人员在做了大量的数据模拟验证后，于1969年12月1日在古城车辆段进行了事故重现试验。试验开始，合上电门，接着操作被试电器进行分断。瞬间，被试电器出现电弧，弧光持续不灭。操作人员赶快去拉车场内的开关柜电闸，电弧顿时转移到开关柜，柜内弧光四射，并发出巨大响声，其势十分凶猛。这时，铜制的开关、钢制的柜体，就像在炼钢炉里似的很快熔化，直到变电站开关跳闸切断电源后，开关柜的电弧才熄灭。这场大火犹如地下烧车事故的重演，说明"11月11日"烧车事故是主保护的分断能力不足，不能单独分断车上的短路故障电流造成。

广州地铁8号线一列车车厢起火事故

2012年11月19日19时19分，广州地铁8号线鹭江站往客村站隧道区间，一辆往万胜围方向的列车在行驶过程中车厢内突然冒烟并起火花，列车临时停在了距车站200m处的隧道里。惊恐不已的乘客自行打开车门，上演隧道大逃亡。消防队出动5辆消防车，约30名消防员到场救援。本次事故未造成人员伤亡，如图6-6所示。

图6-6　广州地铁8号线一列车车厢起火事故

原因分析：

事故原因为列车车顶受电弓（电压1500V）发生故障，其部件与车顶发生接触短路，产生响声和烟雾，同时电弧击穿列车顶部，烟雾从击穿的洞口（直径约4cm）进入车内。

北京地铁机场线地铁车厢起火事故

　　2015年7月27日16时29分，北京地铁机场线一列三元桥至3号航站楼区段（下行方向）行驶的列车一节车厢顶部局部冒烟，如图6-7所示。地铁工作人员迅速采取措施，冒烟列车退出运营正线。该地铁机场线临时中断运营，运营方进行了乘客疏散，无人伤亡。17时24分，机场线全线恢复运营。这次事故发生后，地铁工作人员按照应急预案进行处置，处置过程中没有造成任何次生事故。

图6-7　北京地铁机场线地铁车厢
起火事故

　　原因分析：

　　起火原因初步判定为顶灯接线短路引燃海绵。列车顶部客室照明的筒灯接线在密封式对接插头处短路，高温引燃附近用于减振、防尘的填充海绵。地铁公司后来拆除机场线全部车辆顶部少量的填充海绵。

广州地铁6号线北京路站便利店火灾事

2020年3月22日晚8时许，广州地铁6号线北京路站内一家便利店起火，过火面积约1m²，无人员伤亡，如图6-8所示。

图6-8　广州地铁6号线北京路站便利店火灾事故

原因分析：

经现场勘验及调查走访，起火原因为便利店的冰箱自带电源线路短路。

以上典型案例表明地铁火灾具有空间上的广泛性、时间上的突发性、成因上的复杂性、防治上的局限性等特点。截至2020年，国内外地铁火灾事故四十多起，火灾事故的原因涉及机械故障、电气故障、人为纵火、携带易燃易爆危险品等多个方面，而造成人员伤亡的主要原因也多在应急疏散不利、有毒烟雾、救援不及时等几个方面。

地铁是一个相对封闭的空间，地铁火灾具有消防扑救困难、人员疏散难度大、通信联络困难等特点。因此，地铁运营单位要制定完善的应急救援预案，加强各种演练计划，落实到每个车厢、每个隧道区间、每个车站，做好演练记录，使其在地铁真正发生突发事件的时候，能起到有效指挥疏导人民群众，保障人民群众生命财产安全的作用。